我 的 第 一 本 科 学 漫 画 书

升级版

科学实验王

KEXUE SHIYAN WANG

① 酸碱中和
SUAN JIAN ZHONGHE

[韩] 小熊工作室/著

[韩] 弘钟贤/绘

徐月珠/译

U0296152

21 二十一世纪出版社集团
21st Century Publishing Group

通过实验培养创新思考能力

少年儿童的科学教育是关系到民族兴衰的大事。教育家陶行知早就谈道："科学要从小教起。我们要造就一个科学的民族，必要在民族的嫩芽——儿童——上去加工培植。"但是现在的科学教育因受升学和考试压力的影响，始终无法摆脱以死记硬背为主的架构，我们也因此在培养有创新思考能力的科学人才方面，收效不是很理想。

在这样的现实环境下，强调实验的科学漫画《科学实验王》的出现，对老师、家长和学生而言，是件令人高兴的事。

现在的科学教育强调"做科学"，注重科学实验，而科学也必须贴近孩子们的生活，才能培养孩子们对科学的兴趣，发展他们与生俱来的探索未知世界的好奇心。《科学实验王》这套书正是符合了现代科学教育理念的。它不仅以孩子们喜闻乐见的漫画形式向他们传递了一般科学常识，更通过实验比赛和借此成长的主角间有趣的故事情节，让孩子们在快乐中接触平时看似艰深的科学领域，进而享受其中的乐趣，乐于用科学知识解释现象、解决问题。实验用到的器材多来自孩子们并不陌生的日常生活，便于操作，例如水煮蛋、生鸡蛋、签字笔、绳子等；实验内容也涵盖了日常生活中可应用的科学常识，为中学相关内容的学习打下了基础。

回想我自己的少年儿童时代，跟现在是很不一样的。我到了初中二年级才接触到物理知识，初中三年级才上化学课。真羡慕现在的孩子们，这套"科学漫画书"使他们更早地接触到科学知识，体验到动手实验的乐趣。希望孩子们能在《科学实验王》的轻松阅读中爱上科学实验，培养创新思考能力。

北京四中 物理教研组组长 物理高级教师 **厉璀琳**

伟大发明大都来自科学实验！

　　所谓实验，是为了检验某种科学理论或假设而进行某种操作或进行某种活动，多指在特定条件下，通过某种操作使实验对象产生变化，观察现象，并分析其变化原因。许多科学家利用实验学习各种理论，或是将自己的假设加以证实。因此实验也常常衍生出伟大的发现和发明。

　　人们曾认为炼金术可以利用石头或铁等制作黄金。以发现"万有引力定律"闻名的艾萨克·牛顿（Isaac Newton）不仅是一位物理学家，也是一位炼金术士；而据说出现于"哈利·波特"系列中的尼可·勒梅（Nicholas Flamel），也是以历史上实际存在的炼金术士为原型。虽然炼金术最终还是宣告失败，但在此过程中经过无数挑战和失败所累积的知识，却进而催生了一门新的学问——化学。无论是想要验证、挑战还是推翻科学理论，都必须从实验着手。

　　主角范小宇是个虽然对读书和科学毫无兴趣，但在日常生活中却能不知不觉灵活运用科学理论的顽皮小学生。学校自从开设了实验社之后，便开始经历一连串的意外事件。对科学实验毫无所知的他能否克服重重困难，真正体会到科学实验的真谛，与实验社的其他成员一起，带领黎明小学实验社赢得全国大赛呢？请大家一起来体会动手做实验的乐趣吧！

目录

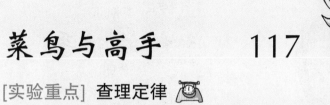

人物介绍

范小宇

所属单位：黎明小学实验社

观察报告：爱赚钱，心怡所到之处都可见到他的踪影。虽然平常有点粗线条，但紧要关头却能表现得非常沉稳。

观察结果：才智与反应速度过人，未来发展值得期待。

江士元

所属单位：黎明小学实验社

观察报告：外表帅气，兼具优秀成绩与运动天分的天才。长久以来与太阳小学的许大弘互为对手。因校长与何聪明的计谋而加入实验社。

观察结果：虽然个性有点孤僻且高傲，但无法否认是个名副其实的优等生。

罗心怡

所属单位：黎明小学实验社

观察报告：喜欢人气小帅哥江士元。比起单纯的死记硬背，更喜欢通过实验来学习科学，因而加入实验社。

观察结果：非常喜欢实验的小女生。

何聪明

所属单位：黎明小学实验社

观察报告：小宇的好朋友，一旦获悉新的消息一定会做笔记。在小宇的强迫下不小心加入实验社。

观察结果：因为平时勤做笔记，所以擅长制作报告。

黎明小学校长

所属单位：黎明小学

观察报告：与太阳小学校长属于朋友兼竞争对手关系。为摆脱学校成绩排名全县最后一名的现状，开设实验社。

观察结果：对太阳小学抱有强烈的竞争意识。

太阳小学校长

所属单位：太阳小学

观察报告：与黎明小学校长属于朋友兼竞争对手关系。让一所新成立的小学被誉为全国名校的最大功臣，能力过人。获悉黎明小学开设实验社后，有强烈的危机意识，并设法阻挠其正常运作。

观察结果：虽然表面上看不起黎明小学，但极为关注黎明小学校长的一举一动，而且非常小心眼。

许大弘

所属单位：太阳小学实验社

观察报告：从小与江士元是竞争对手。从来没有把黎明小学实验社放在眼里。个性自大，实力与士元不分上下。

观察结果：成也个性，败也个性。

柯有学

所属单位：黎明小学实验社

观察报告：外貌非常古怪，因而在科学界被喻为怪才，并有着许多奇怪的传言。平时对人仁慈，但对与实验有关的事要求非常严格。对自己的外表颇有自信，凡事都有自己的见解。

观察结果：一位对科学抱有远大的理想、能够发掘学生过人才能的科学怪才。

其他登场人物

❶ 太阳小学实验社老师

❷ 太阳小学实验社学生

范小宇！你又蹲在那里干吗？

真是的！你还没有买到吗？不是几个月前就说要买了吗？

住嘴！

吓！

对了！因为你上次替我修理MP3时把它弄坏了，所以把这个月送报赚的钱全赔给我了，对吧？

你别再提了！如果我当时有那把瑞士刀，MP3早就修好了！

34种超齐全功能！操作精细度可达0.1毫米！

附带高速计算机、温度计、计时器等，重量也只有160克呢！

我知道，谁叫你当初把东西弄坏了呢！

唰唰

你好，心怡！怎么这么巧啊？看来我们俩还真有缘呢！

你好！小宇你好。

耍帅！

从这里到教室大约300米呢！你一个人走会不会太无聊了点？要不要我安全、快速地载你一程啊？

我刚好需要把书包放回教室，那就拜托你啰！

啪

哇，真是太好了！

点头

大声一点！

吼

怒

我们是第509名！

没错！第509名！我们终于摆脱最后一名的厄运！这一切都是各位老师的功劳。

来，大家一起喝彩吧！

校长室

下次的目标是第507名，我们一起努力吧！

你还真的拍手！

来，拍手啦……

好可怕……

嘻嘻嘻

肿

反正目前学校依旧安然无恙，而且我也已经尽了力了！不过……

等一下那个家伙一定又会跑来，怎么办呢？

没关系，又不是第一次！

朋友！我来啦……

天哪！

不是吧？嗯……我没有印象呢！我顺便告诉你一件事。

什么事？

啊，给我一杯绿茶吧。

自从一年前本校开设实验社后，总成绩提升了不少呢……

咦？

结果这次竟然挤进前10强了，哈哈哈！

前10强？

啊，我漏了前面的两个字！是……

我们是全国前10强！

全国前10强！

23

对了，贵校应该没有像样的实验室吧？

沮丧

谁说没有？你不知道本校的实验室有多豪华！

骄傲

实验课所需的器具和药品样样俱全，而且每天都有人打扫呢！

好！我懂！我就当作有啦！

什么叫作"当作有"？我这就带你去见识一下！

就是说嘛！

校长室

校长又被取笑了。

嘿

嘿

嘿嘿嘿

好了！现在要开始啰！

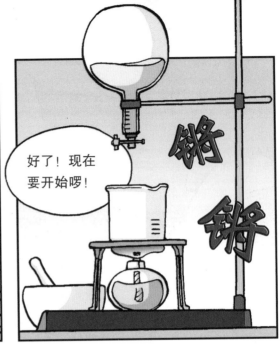

首先——

将20毫升的砂糖倒入烧杯里，用酒精灯加热。

等颗粒状的砂糖变成液体，并呈现咖啡色时，

用量匙添加碳酸氢钠（$NaHCO_3$）……

再用玻璃棒搅拌均匀、等到液体膨胀并呈现深褐色，便可将酒精灯熄灭。

戴上手套后，快速且谨慎地将它倒出来，冷却后它就会变成固体。

沙沙

啪嗒 啪嗒

太好了！成功了！

什么嘛，实验室设在这种鬼地方？你可不要骗我呀！

哈哈，麻雀虽小，五脏俱全！

资料室

发毛

哈哈哈

嗯？这是什么味道？

实验室

好像是从实验室里传出来的。

啊！

我就知道本校的高才生不会让我失望！哈哈哈！

喜极而泣

我一定要亲眼确认才行！

哼！我才不信这种烂学校有什么高才生……

来来来，来尝大味比萨啦！

开幕周年庆，买一送一哟！

嘿

嘿

参考看看嘛！这里在送折价券呢！

哎呀，你就收下来嘛！

我收！我收！

嗯——

原来如此……

你因为被校长逮到，所以之前说过的无本生意也做不成啰？

嘿嘿

哼

我现在找到新工作啦——

真可惜，如果那个想法成功了，我才不必打这种没效率的工呢……

唉！

惊讶

你要不要帮我发传单啊？

嗯？

咦？那个家伙……

光荣大楼

咚

咚

33

来！

对了，心怡！你也上这个补习班吗？

嗯，对……

其实我早就想上这个补习班了，准备将来当一个科技新贵！哈哈！

滔滔不绝

是吗？

哦哦，原来心怡崇拜士元！快记下来！

不！那只是尚未证实的八卦啦！

还给我……

笨蛋！你难道看不出来心怡很喜欢他吗？

再见！

你不要乱猜好吗?
你这样问很不礼貌的!

怎么办呢……
被你们给看穿了。

呃

……

看吧……

其实我……很早以前
就很崇拜士元……

呀!
好害羞……

脸红红

石化

但是士元实在太受欢迎了,所以我没有抱太大的希望……

没错!今年士元总共收到78盒巧克力呢!

士元这家伙！难怪我第一眼就看他不顺眼！

我……绝不会输给他的！

不过前几天开始，士元他居然来上我们的补习班！

所以我决定制作一张上课时间表送给他，好让他记得上课的时间！

当他看到我熬夜制作的课表时，我相信他一定会感动落泪！

不过……你现在手上拿的是？

上面写着"课表"呢！

我刚才不是明明拿给士元了吗，怎么还在我手上？

呃……

40

寻找消失的字!

你是否看过电影情节里，主角在没有字迹的白纸上寻找重要线索的场面呢？乍看非常神奇的魔术，其实也隐藏着少为人知的科学原理。准备好要来一探究竟了吗？

实验1 利用小苏打水绘图

准备物品： 小苏打粉1包、水彩笔刷1支、玻璃杯1个、白纸数张

❶ 先将1匙小苏打粉倒入玻璃杯，再倒入约半杯的水，搅拌直至小苏打粉完全溶解。

❷ 利用水彩笔刷蘸取小苏打水，并在纸上画出自己想要的图案。

❸ 绘图完成后，将纸晾干。你可以让它自然晾干，也可以用吹风机吹干。

❹ 等纸完全干燥时，纸上的图案会消失。图案到哪里去了呢？找不到图案的痕迹吗？不必懊恼，这就是科学的秘密所在。

❺ 请将纸放入装有水的脸盆里，你会发现消失的图案重现在你眼前。

这是什么原理呢？

我们平时称为"小苏打"的物质，也称作"碳酸氢钠（$NaHCO_3$）"。小苏打能溶解在水中，水溶液呈弱碱性。小苏打遇热会放出二氧化碳气体，常用作糕饼类的膨松剂。

那么，上述实验的秘密是什么呢？答案就是吸水性的差异。

因为碳酸氢钠的吸水性比纸强，所以将用碳酸氢钠的水溶液写了字的纸放入水中后，渗入过碳酸氢钠水溶液的部分会先被水打湿，进而重现绘制的图案。破解魔术是不是比想象中还简单呢？

实验2　利用苹果汁绘图

准备物品：苹果1个、磨菜板1块、纱布1块、筷子1双、碗或深盘1个、水彩笔刷
　　　　　1支、白纸数张、酒精灯1个

❶ 先用磨菜板将苹果磨成泥并放入纱布中，接着用筷子挤出苹果汁并收集到深盘里。

❷ 利用水彩笔刷蘸取适量苹果汁，并在纸上绘图。

笔记本

③ 绘图完成后将纸晾干，纸上的图案会渐渐变淡。

④ 将纸慢慢靠近蜡烛或打火机的火焰，此时纸上的图案会渐渐加深。

这是什么原理呢?

　　苹果汁中所含的果糖等糖类，因受热分解而生成黑色的炭，于是所绘的图案会浮现在纸上，这又称为"炭化反应"。除了苹果外，其他含有果糖等糖类的水果，也可以做出相同的效果。另外，用市场上卖的果糖或砂糖调成的糖水，一样可以产生同样的反应，你们也可以自己动手实验一下哟!

 注意　使用酒精灯、蜡烛或打火机时，请务必由家长陪同一起操作。
凡事以安全为第一，优先考虑安全原则，正是实验王的基本条件。

第二部
实验社诞生！

早晨

注意！全体师生请注意！今天早上紧急召开全校大会！

嗯哼！

全体师生请注意！今天早上紧急召开全校大会，请全体师生立即到操场集合！

紧急召开全校大会？会是什么事呢？

唉！不会又要叫我们打扫、除草吧？

全都到齐了吗？

喧哗

喧哗

是！

是！

嗯……

好，不要吵了，大家安静！

紧急召开全校大会？

看起来一点都不紧急啊？他到底在搞什么鬼？老谋深算的家伙！

叮

今天之所以临时举行全校大会，是因为我……

把本周定为"大扫除周"！请各位同学开始各就各位！

果然！

吓！

哼！

害我穷紧张！

对了，还有一件事！

唰

48

有意加入实验社成为明日之星的同学，散会后前往实验室集合！

欢迎所有喜欢实验的学生齐聚一堂，散会！

又是大扫除！这个老头子实在太过分了，对吧？

嗯！

真是让人百思不得其解！

小宇，你今天怎么了？该不会……

为什么士元一定要选择去心怡上的补习班呢？

我敢说他摆明是对心怡有企图！

唉！可怜的家伙。

看来你仍未走出情伤的阴影呢！

49

对啊！听到学校要开设实验社，你知道我有多兴奋吗？我一定要去报名才行！

咦，实验社？

我终于可以在学校尽情地做实验了，快走吧！

跑跑跑

...原来......

大好了！

握拳

心怡要报名实验社？

那我也要参加！

没错，就是这一次！

这是上天赐给我的机会！

熊熊烈火

什么？你该不会......

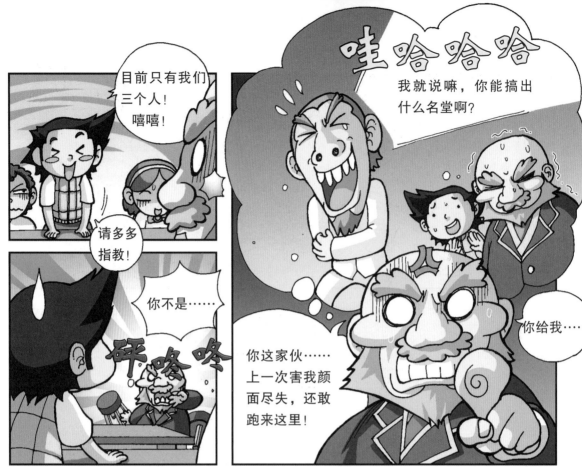

哇！士元你来啦！

士元？

是，校长，您找我吗？

没错，没错！你怎么没有来报到呢？

实验社怎么可以没有全校第一名的你呢？

这……

杀气腾腾

只要你愿意，实验社的社长非你莫属！

哼！心怡怎么会喜欢上这种家伙呢？

嗯？

呜，心怡！你的眼睛怎么变心形了？

我再也无法忍受这个家伙了!

您找我是为了这件事吗?

很抱歉,我对学校的课外活动毫无兴趣!

万岁!不行!

那么,我先告辞……

呜!

士元啊!

不知所措

校长!

您不必担心!一山不容二虎,您就让我当社长吧!

帅

气

士元,别走啊!

砰!

校长大人!

紧抓

你又是谁?
你怎么也会在这里?
给我滚出去!

嗯……

冲 冲

您听我说嘛!
士元他个性顽固,
吃软不吃硬!

所以您要……
如此这般……

嗯……

什么?
你说太阳小学实验社的
社长许大弘……

**是士元小时
候的朋友?**

僵 硬

许大弘……他只是一个从小崇拜我的跟屁虫！

如果我是龙，他只能算是只小老虎！

我不但没把他放在眼里，更不会输给他！

好可怕！

我也怕！

哇！

好，很好！实验社就交给你了！

是啊，士元！你不是也很喜欢实验吗？你就答应嘛！

什么？谁说我要……

59

嗯？范小宇！你怎么还在这里？

是。

我有允许让你加入吗？

这……

像你这种只会公物私用，让我在太阳小学校长面前颜面尽失的家伙……

竟敢厚着脸皮跑来这里要加入实验社，成何体统？

马上给我离开！我不是警告过你100年内不得进入实验室吗？

不会吧！

63

报告完毕。

天哪！他们在搞什么鬼呀！

愤 怒

会不会是一种障眼法呢？到底葫芦里卖什么药？

校……

抓头 抓头 抓头

请问您在担心什么呢？

回 头

本校实验社在我的指导下，已经拿下无数奖状。更何况黎明小学实验社根本就是一个笑话，不是吗？

65

68

偷放

啊！那不是……

干扰通信用的电磁波发射器？

废物！

沙，沙沙……

校长……沙沙……请您说话！

啊！恢复信号了！

没事了！那个推销员去黎明小学要卖什么啊？

嗯……

哼

改变世界的科学家

路易斯·巴斯德（Louis Pasteur），法国科学家，证明了微生物是导致发酵与疾病的主要原因，进而拯救了法国酿酒业。

19世纪时，法国的酿酒产业因丢弃过度快速变酸的葡萄酒，每年经济损失达数千万法郎。当时，深信"自然发生论"（生命能够从无生命物质中自动发生）的人们，认为葡萄酒会变酸是理所当然的事，但巴斯德却认为原因在于细菌进入葡萄酒，因而着手进行研究与实验。

路易斯·巴斯德（1822—1895）
法国的化学家兼微生物学家，发明巴氏消毒法，并开创现代免疫学，对科学发展有莫大贡献。

结果，他发明了以低于100℃的热力消毒的"巴氏消毒法"，这种方法仅破坏使葡萄酒变酸的细菌的活性，却不会影响酒的口味与其他细菌的活性。

另外，通过他所主张的"细菌致病论"，也就是家畜和人类的疾病成因是微生物，他成功分离了引起软化病、炭疽病、霍乱、狂犬病等的微生物。1879年，他发现，将分离自感染霍乱的鸡体内的霍乱菌，培养成具有抗原的疫苗，并注入健康鸡体内，可产生免疫作用，并且将"免疫疗法"加以普及，同时通过注射疫苗预防传染病，救人无数。

就这样，巴斯德以微生物学为基础，不断进行理论与实践相结合的实验，其研究成果与价值至今仍受到世人的肯定。

第三部

酸与碱的秘密

注[1]：指借以抑制或缓和化学反应的物质，例如抗氧化剂。

注[1]：乙酸（CH_3COOH）俗名醋酸，在作为调味料的食用醋中，一般含有约4%的乙酸。
纯品在冻结时为冰状晶体，所以也叫冰醋酸。

有没有搞错啊？乙酸和乙醇的性质和特性是完全不同的！

如果皮肤不小心沾到乙醇……

是不会有大碍的！

但皮肤若是不小心沾到高浓度乙酸的话……

哼！看来往后的日子有的我受了！

柯老师，你用不着这么悲观嘛！

让我最受不了的……

就是校长您本人！

你这是什么意思啊？

来！

你快点进来吧！

咦？

遵命！

81

好！这对小宇而言是小菜一碟，你就证明给他看吧！

对呀！这是我们上周才学过的，我相信难不倒小宇！

嗯……

如果我成功了，你愿意让我加入实验社吗？

我愿意！

注[1]：由于实验溶液具有刺激性，对人体可能造成伤害，所以要尽量避免直接用鼻子闻，最好以手扇风的方式，来闻飘散在空气中的味道。

不对！光用这个方法是无法区分酸性和碱性的！

怎么办？我得想出其他方法才行！酸性……碱性……酸性……

啊，酸雨！

嘿嘿！

咦？

你觉得他还有任何希望吗？

算了！

啊，有了！

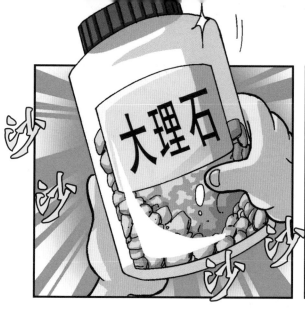

哟！

我快要看不下去了。

好！把大理石碎块分成等量大小……

嘿嘿！

倒入装有溶液的……

咕噜！

咕噜！

试管！

然后，仔细观察……

拜托……拜托！

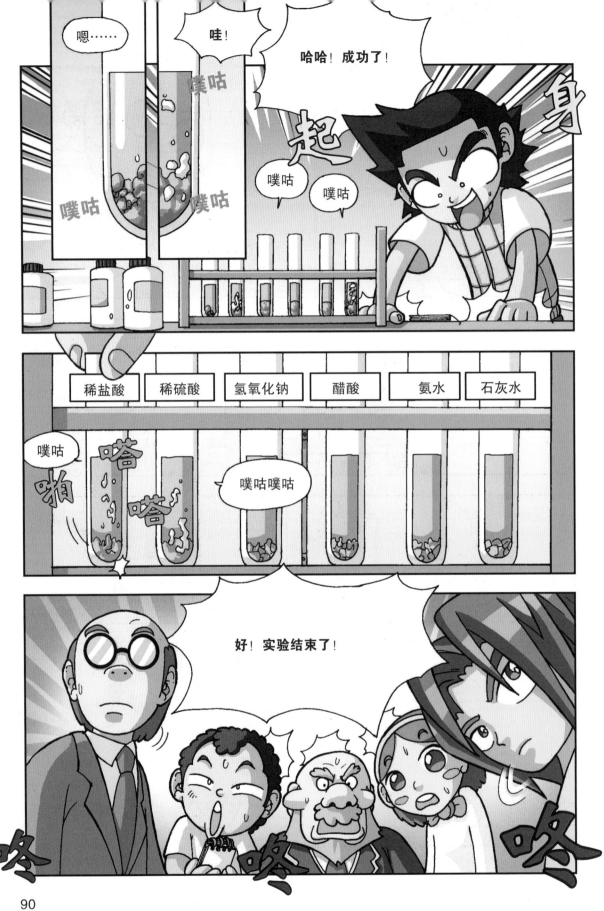

91

94

注[1]：BTB指示剂在中性环境下呈绿色，碱性时是蓝色，酸性时为黄色，因此可借由其颜色变化测出溶液的酸碱性。

逃跑成功!

范小宇,你又想偷懒了!

嘬

咚

咚

咚

嘿!

老……老师!

气呼呼

连老师都在这里拔草了,你居然还敢逃跑?

你……

是5班的小宇，对吧？

是！我就是人称"万事通"的范小宇，请问你需要什么服务吗？

狗服

谄媚

愤怒

你看你做的好事！我们擦得要死要活，你竟敢印上手印！

啊，那是……

这不是我的手印啦，那是江士元的手印才对啦！

士元的手印

真的！

江士元？他是你的同学对吧？

好，那今天就算你倒霉！

熊熊烈火

你不要……

108

注[1]：报纸可以清洁玻璃还包含另一个原理，就是报纸的纤维比抹布的纤维长，不容易掉落，所以不会在玻璃上残留多余的毛屑。

我真的很喜欢实验。

我很高兴学校开设实验社！

没错！我终于找到实验的乐趣了。我爱死了……

喂，范小宇！

惊吓

嗯？

你还有什么问题吗？

了不起！

你真的让我们刮目相看！

没错！

嘿嘿！

如何正确使用实验仪器

　　试管是实验室里经常使用的实验器材，用玻璃制造，所以很容易看到内容物的状态。底部通常呈半球形或圆锥形，所以必须插在试管架上。

握试管的方法　　倒入试剂的方法①

倒入试剂的方法②

混匀试剂的方法　　清洗试管的方法

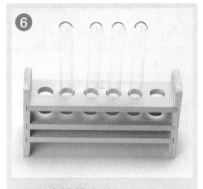

沥干试管的方法

❶ 用大拇指、食指及中指轻握试管，无名指与小拇指则夹住试管。

❷ 将试管口与试剂瓶（或试管）口紧挨在一起，管口略微倾斜，并倒入试剂。

❸ 倒入有危险性的试剂时，则将试管直立于试管架，使试剂瓶（或试管）略微倾斜并倒入试剂。

❹ 右手握持试管中上部，五指握紧试管，利用腕力使试管底部向一个方向做圆周运动，使试剂均匀混合。

❺ 完成实验的试管用清水彻底洗净。使用试管刷时，刷子伸入试管的长度应比试管短，以免将试管底部戳破。

❻ 完成清洗的试管应倒插于试管架上，以便沥干水分。

第四部

菜鸟与高手

实验室

老师！

紧张！

您找我吗？

嗯嗯嗯嗯

对，进来吧！

阴森！

怕怕

老师，您找我有什么事吗？

战战兢兢

嗯……

小宇，我身为一位科学家，时时刻刻都在为国家的科学发展尝试各种挑战。但是我的挑战始终未得到其他科学家的认同。

嘿嘿嘿

哈哈哈，是这样啊？

你知道吗？实验指导老师是一位很古怪的人哟！

结结巴巴

抖 抖 抖 抖

呼呼

但是，我相信他们总有一天会认同我的！等着瞧吧，我一定会证明我的想法是对的！

逃跑吧，不要发呆！

转身！

砰

听说他会把学生当成实验对象，搞不好就是那种人体实验呢！老师只叫你一个人去实验室，你不觉得奇怪吗？要小心啊！

啊啊啊

屁滚尿流

所以……我需要你的协助。

惊呀

协助？

天哪！

如何？反正这里只有我们两个人，你就慢慢考虑之后再做决定吧！

裂 裂 裂

考虑？

120

125

臭家伙，竟然自己跑去看戏？

跳

冲刺

奔！

何聪明！你休想给我跑了！

今天我要是不找他算账，我就不姓范！

吓！

怎么回事啊？怎么会这么热闹？

吵闹

吵闹

奇怪？到底发生了什么事？

哇

啊

挤

挤

哇

啊

啊

啊？那不是……

咿呀呀

江士元？

啪

愣住！

哦哦哦哦哦哦哦

哇！士元又进球了！

8比6！

江士元，你球技练得不错嘛！身体还受得了吗？

呼呼

砰

吓！

少说废话。你还想比赛吗？来呀！

呼呼

那群黑衣人是谁啊？

砰

状况外

你看清楚……

摇晃

啊!

呼······

喂······听说你加入了实验社是吗?

我还听说,你们班上全是乌合之众呢!你也沦落到这种地步啦?

什么是"乌合之众"?

唉!

比喻暂时凑合,无组织、无纪律的一群人。意思就是,我们实验社的成员是一群废物。

什么?骂我们是一群废物?

吓!

这······

133

135

正所谓天底下没有毫无代价的对决！如果我们赢了……

你给我住嘴！

阻止他！

滔滔不绝

以后你们就叫我们大哥！

什么？

抓狂

当当

你是不是活腻啦？

愤怒

戴上眼镜，丑死了。

好！反正我们又不会输，处罚方式随便你怎么定。现在该换我说了吧！

我很丑？

哗 哗

哗 哗

你尽管说吧！

141

你何必这么惊讶呢？我们的规模又不是全国最大的。不过也不算小啦！这应该符合本校的水准吧？

没有想到……

得意 得意 得意

闪闪 发光

居然连地板都铺上大理石！

请问，这扇窗户是隔音玻璃吗？

咔嚓 沙沙

刚好实验社的学生正在做实验呢！

呆住

做实验！

我一定要趁机一探究竟！我相信他们一定有弱点才对，只要被我找到，我们就有胜算了！

心机

查理定律？这么厉害……

好，既然大家都有概念，现在就来进行印证"查理定律"的实验吧！

嗯

所谓"查理定律"，是指当体积固定时，温度每上升1℃，一定质量气体的压强会比它在0℃时增加1/273。

就像烹饪用的压力锅，锅的容积是固定的，越加热，锅内的压强就越大。

好厉害的一群小学生！

也就是说，当温度达到273℃时，气体的压强会变成0℃时的2倍了。

相反，当温度达到零下273℃时，气体的压强就会变为0。当然这只是理论罢了。

没想到所有的学生都完全理解查理定律！

黎明校长，让你见识一下我们的实力也好，你应该会想当场弃械投降才对！

落泪！

呼呼

而在我们实验社的成员中，懂查理定律的应该只有……

叮咚

嗯。

好，我们就用最简单的方法来确认吧！

好。

就用乒乓球来做实验吧！

啪

这是因为随着温度上升，被压扁的乒乓球内的压强变大，促使乒乓球恢复原状。

嗯……

懂得自己选择实验材料，不但能预测其结果，而且还具有分析能力，真是不可思议。

不过……

这种实验一般学校的学生都会做，而且算是很普通的实验。看来我们也有胜算……

呀呀

嗯?

那……
那是?

这是最后的确认。

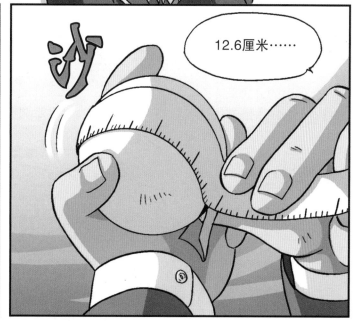

沙

12.6厘米……

147

149

原来如此！
当他为目标奋力迈进时，
我又做了些什么呢？

我的宝贝
学生……

哈哈哈

过去我所做的，
不就只是一味的
自我安慰吗？

呜……

果然是彻底
地输了。

所谓的实验课程啊……
不仅需要校方的全力支援，

更需要有系统的管理、
完善的设施，以及具备
能力的指导老师。

啪 啪 啪

没错。

不过，目前仍有不少学校，
只提供给学生简陋的实验
设施与环境呢！

噗

啊！

你不觉得很
离谱吗？

你是在说我吗？

砰

砰

用葡萄皮做出酸碱指示剂

	实验报告
实验主题	在日常生活中，大家熟悉的溶液可分为酸性、碱性及中性。为了判断哪一类是酸性溶液，哪一类是碱性溶液，可以利用葡萄皮来制作酸碱指示剂哟！
准备物品	葡萄皮少许、水、烧杯、酒精灯、陶土网、三脚架、火柴、漏斗、漏斗架、滤纸、试管、试管架、标签贴纸、滴管、实验所需各种溶液（醋、养乐多、雪碧、稀氢氧化钠、稀氨水、肥皂水） 
实验预期	当把葡萄皮制成的指示剂滴在准备好的每一种溶液中时，溶液的颜色将会发生变化。
注意事项	❶ 请勿饮用实验溶液。 ❷ 请勿直接闻溶液的味道或让溶液接触皮肤。 ❸ 使用酒精灯时请注意安全，以免发生皮肤灼伤。 ❹ 请勿让过热的烧杯接触温度过低的物品，以免发生龟裂。

实验方法

① 将葡萄皮放入烧杯内，倒入适量的水，直至覆盖葡萄皮。

② 用酒精灯加热烧杯，将其煮沸。

③ 等到煮沸的水和葡萄皮彻底降温后，将滤纸放入漏斗，接着将葡萄皮水倒入漏斗并过滤，即可制成葡萄皮指示剂。

④ 将大致如图等量的各种溶液分别倒入试管，并贴上标签，置于试管架上。

⑤ 利用滴管将2～3滴葡萄指示剂滴入各试管中，并观察颜色的变化。

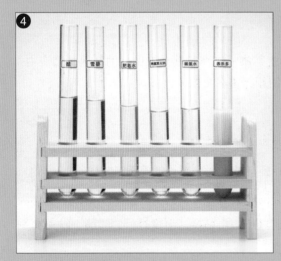 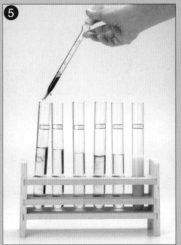

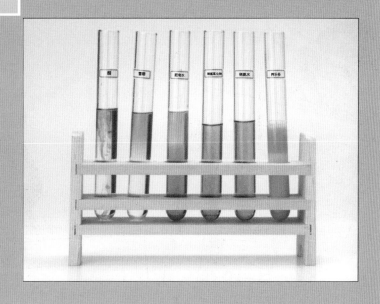

溶液	醋	雪碧	肥皂水	稀氢氧化钠	稀氨水	养乐多
颜色	红色	红色	蓝色	绿色	绿色	红色
酸碱性	酸性	酸性	碱性	碱性	碱性	酸性

这是什么原理呢?

　　本实验的秘密在于葡萄皮所含的花青素。除葡萄皮外，很多植物的花瓣、果实或叶子都同样含有这种色素。某些树叶到了秋季会转红，某些花瓣的颜色呈现红色、紫色、黄色等，都与花青素有关。由于这类色素遇到酸会变成红色，遇到碱会变成绿色或蓝色，所以常被拿来作为测试溶液酸碱性的指示剂。此外，玫瑰花、三色堇、黑豆、紫色结球甘蓝（洋白菜）等皆含有花青素，亦可制作指示剂。

笔记本

第五部 黎明小学VS太阳小学

谁叫对方先侮辱我们！难道你们可以忍受被侮辱吗？

他讲什么我根本不会放在心上，因为他跟你一样喜欢胡说八道。

你说什么？

唉……他们可是荣获县内历届实验大赛第一名的实验社呢！

嗯……

这次我们真的是糗大了！

我们双方私底下的约定，怎么会搞得变成正式比赛了呢？

我哪知道啊？

各位同学，你们给我听好！

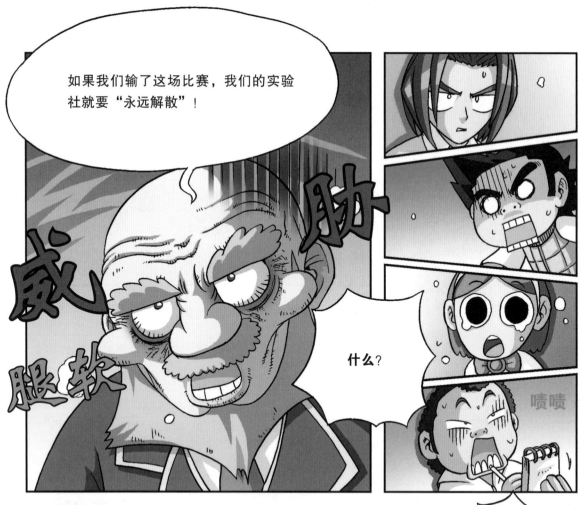

如果我们输了这场比赛，我们的实验社就要"永远解散"！

威

胁

腿软

什么？

啧啧

反正少了士元，我们的实验社也没用了。

实验主题和……得分标准是由两校的老师……从此以后本校的实验社就解散……

胡言乱语

校长！您醒一醒吧！

冲

撞

这个扮相不错嘛!

我可以上传到网上吗?

我可以转发吗?

啊!

咔嚓

大家镇定一点,又不是没有对策。

真的吗?你有什么对策?

感动中

就是赢得比赛啊!

锵!

锵!

砰!

吓!

咚

我了解你的心情,不过你太小看他们的实力了。我们根本就不是他们的对手啊!

摇头

摇头

摇头

这……

他们之所以荣获县内第一名,是因为善用短期集训的缘故。我们也来一个集训嘛!

咚 咚

真的吗？

黎明小学四宝

没错，我们赢定了！谁怕谁！

没错，我也不想还没开战就先认输！

好！我也绝不放弃！

意气风发

哈哈！太阳校长输后的表情会是如何呢？

握紧

但是，如果我们输了……

我们就要遵守承诺，立即解散实验社！

咚!!

喂，你可不可以不要再玩弄我们的情绪了！

七上八下的，很难过呢！

同学们，我们已经没时间争吵了！

嗯?

这不是过氧化氢分解时的化学方程式吗? 士元怎么会知道正确的写法呢?

他的水准超乎一般的小学生……

嗯

若不论外貌或财力,简直像极了小时候的我!

老师!

眨眼!

您也来看看我的嘛……

啊,好……

好,你找到什么了呢?

$= C_{20}H_{14}O_4$!!

$C_{20}H_{14}O_4$

锵 锵 锵

166

这是区分酸性和碱性的指示剂。因为它难溶于水，却易溶于酒精，因此常使用酒精作为溶剂。遇到碱性物质时呈现红色，遇到酸性和中性溶液时则呈无色透明。

酒精

水

碱性

这就是我在这个实验中找到的实物！

酚酞指示剂

不错，干得好！

哈哈！那我也要开始实验……

得意扬扬

你负责用同样的方法检验其他溶液，并且全部贴上标签！

僵硬

您说"全部"啊？

砰

咚

叽哗哗哗

化学的起源流行于古代印度、希腊、阿拉伯并于12—14世纪时盛行于欧洲的炼金术。

炼金术衍生自人们意图将普通金属制成黄金、白银等贵重金属，一心想成为富翁的贪念。

炼金术……

人们想要用普通金属炼制黄金的梦想，终究是不可实现，但却发展成为近代化学的基础……

金属的提炼、保存……制造……染色……

困

困

嗯，嗯……嗯……

医疗用……药……

啪!!

!!

起

身

谁……是谁啊?

是哪个家伙敢推我?

唉……

发呆

老师干吗叫我看这种无聊的书嘛……

《化学的基础》？

真意外。

没想到……你真的很用功呢！

嗨！心怡！

脸红

当然啰！既然实验社指导老师这么看得起我，我当然要用功啰！

好啊，谢谢你！

来，请坐！

我想老师应该是察觉到了我不为人知的天分吧！

真的？

170

我竟然可以坐在这里和心怡单独相处！啊，这一切都是托实验社的福啊……

小宇，其实我知道你加入实验社的真正目的！

愣住

你加入实验社的目的，应该是为了想要赚取一些外快吧？

开心！

跌倒！！

喘大气

不过，我相信你也会真心喜欢实验的……

我已经开始喜欢了呢……

唰唰唰唰

你知道吗？

我当初曾经报考过太阳小学，不过可惜落榜了……

回忆

嗯……

直到现在，我还是会很羡慕太阳小学的学生，尤其是实验社的学生！我很开心我们学校终于也开设了实验社……不过，现在却让我感到不安。

你为什么那么喜欢实验呢？不只科学原理和药品名称很难记，而且也暗藏着危险啊！

呵呵……

就像你说的，科学书籍的内容的确要用背的，但是亲自做实验……

你就会发现，很多原理或名词自然就会进入你的大脑里。

沉醉

沉醉

比起看书上的图片，做实验更容易将知识深深烙印在脑海里。所以每当我做实验时，心跳就会加速……

而且脑海里除了实验以外，容不下任何其他事物。

啊……

真是幸福

那……那么……

G博士的 实验室1
实验室溶液管制方法

实验室

终于成功了!

这就是我耗费毕生心血研发出来的长生不老药!

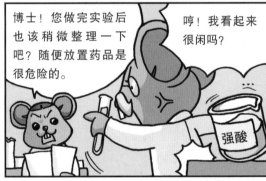

博士! 您做完实验后也该稍微整理一下吧? 随便放置药品是很危险的。

哼! 我看起来很闲吗?

强酸

啊, 我的长生不老药……

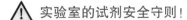

⚠ 实验室的试剂安全守则!

1. 避免直接用鼻子闻,最好用手或以扇子扇风的方式,来闻飘散在空气中的味道。

2. 加热时可放入小石块或玻璃块,用来防止溶液加热时造成突沸。

3. 实验结束后,未用完的试剂不得再倒回容器内,请务必分类处理再丢弃。

呃……

嗯，名校的礼堂就是不一样！高级照明设备、大理石地板，比我们实验社老师的秃头还亮呢！

真是太棒了！

哇！摄影机！

不过屏幕在哪里啊？

喂。

嘻嘻嘻！

大家不要太崇拜我……

好的。

结巴。

结巴。

结巴。

感谢支持！

快关掉

TV墙!!

我爱你们……

你在干什么？

呃啊！

注[1]：萘是一种有机化合物，白色晶体，在标准大气压强下熔点为80.5℃，曾用作除虫剂，有杀虫及防腐作用。

请两队将烧杯里的混合物加以分离，这就是本次实验大赛的主题。

哦哦哦哦哦

在实验进行过程中，现场会有三架摄影机全程拍摄，比赛画面会通过大屏幕播放出来。

唧唧

评分标准包含实验结果，以及两队的团队配合和实验报告内容。两队可自由选择使用实验所需的用具和药品。

准备转学吧，江士元！

咚

嘿嘿嘿

……

等着叫我们大哥吧！

好，请太阳小学与黎明小学两支队伍开始比赛！

咚

加油！

好，分离混合物必须要利用各成分物质的特性，并依序加以分离！

唰

开心

心怡，麻烦你负责准备实验所需用具和药品。

好的！

哈哈

何聪明，你负责记录实验的所有过程，以便制作实验报告。

交给我吧！

小宇，你当观众。

发 飙

叫我当观众？

铿

铿

你太瞧不起我了！看好！

啊！

先利用这个磁铁……

插

入

将混合物中的"铁粉"分离出来！

看到没有？

铁会吸附在磁铁上！

好棒！

我就知道那个家伙一定会有所表现！

小宇，加油！

哇 啊 啊

笨蛋……完全被你给搞砸了！

冒汗……

啊！我搞砸什么了？

你说说看，你打算怎么分离吸附在磁铁上的铁粉？

注意，这边已经开始分离铁粉和磁铁了。

哇 啊 啊 啊

哼哼……

咚

啊，那不是……

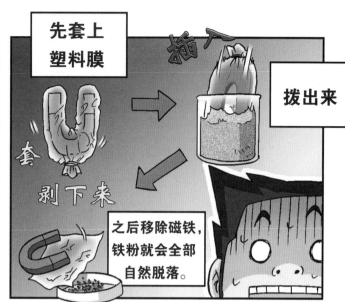

先套上塑料膜

插入

套

剥下来

拨出来

之后移除磁铁，铁粉就会全部自然脱落。

看来黎明小学实验社是来闹场的呢！

嘿嘿嘿

主持人，请把校长讲的话播报给现场观众听。

看来黎明小学实验社是来闹场的呢……

在比赛结束前，你负责分离铁粉和磁铁，听懂了没有？

好……

气

接下来要分离食盐。心怡，准备好了吗？

准备好了！

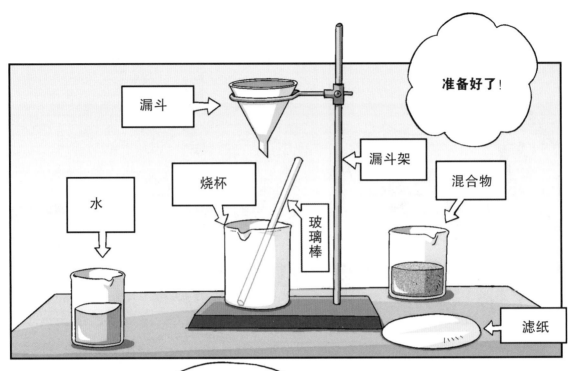

准备好了!

漏斗

漏斗架

烧杯

混合物

水

玻璃棒

滤纸

要分离食盐?

铁粉已经分离完成了,所以剩下的是萘丸粉、砂石和食盐啰!

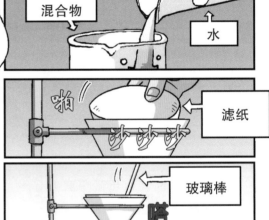

混合物

水

滤纸

唰

沙沙沙

玻璃棒

嗒

……

流流流

唰

他为什么要把混合物倒在滤纸上呢?

啊！我知道了！

因为食盐和砂石不同，食盐会被水溶解啊！

那么，萘丸粉会不会被水溶解呢？

什么是萘丸？

滴

好，食盐已经被水溶解而分离了。剩下的是萘丸粉和砂石！

溶液

食盐会溶于水，至于萘丸粉嘛……

食盐

唰

咚

乙醇

咚

萘丸溶于丙酮，微溶于乙醇！

只要重复分离食盐的方式就行了。

同学们，我已经处理得差不多了……

唉，自找麻烦。

搅拌加入乙醇的混合物之后，用滤纸进行过滤的话……

就可以轻易地分离出萘丸粉了！

太棒了！
了不起！

酷死了，他终于搞定了！

成功了！

还真有两把刷子呢，不错！

那是什么？他们的食盐为什么是晶体呢？

食盐

我怎么知道？

许大弘，你这家伙！你怎么可以犯规呢？

天哪！他们竟然分离出食盐的晶体……

难道和我们的实验方式不同？不可能，绝对不可能！

呵呵呵

啊！

那是……酒精灯！

燃烧

爆烧

咚

对，没错！虽然分离方式相同，但是他们多做了一个步骤。

什么意思啊？快说给我们听啊！

多一个步骤？

咚 咚

太阳小学实验社果然名不虚传，竟然懂得利用加热的方式取得食盐晶体……看来我们要认输了。

认输！

当

昏倒

食盐水中的水遇热蒸发后，产生食盐结晶，这不是基本常识吗？

看来黎明小学没有基本常识呢！

天哪！

是。

是的，看来黎明小学没有基本常识。

如果他们连萘丸粉都分离出来，我们就确定要吃败仗了！

啊！

主持人，你给我住嘴！

燃烧

燃烧

萘丸粉也有可能分离成晶体吗？

点头

因为乙醇的沸点约为78℃，低于水的沸点100℃，所以萘应该会比食盐更容易、更快速分离出来。

燃烧

燃烧

190

192

196

197

你们还站着干吗？赶快逃啊！

熏到眼睛了！

我们应该要想办法灭火才行啊！

灭火的事情我来处理就好，你们赶快逃！

是！

小宇，我们逃吧！

啊，等等！

干吗？

G博士的 实验室2
以毒攻毒，以碱克酸

实验室

哎呀！助理！我的手碰到试剂灼伤了！

帮我拿冰水！

您的手碰到的是哪一种试剂呢？是酸性还是碱性？

是酸性的！

是酸性的！

那么先用碱性溶液清洗后，再接受治疗。

啊！

就像在野外被胡蜂蜇伤时，因为胡蜂的蜂毒呈碱性，因此可以用酸性的无毒溶液涂抹伤口，来中和毒液。

记得要就医哟！

⚠ 实验室的试剂安全守则

实验中，皮肤不慎碰触试剂时，极有可能造成灼伤。倘若皮肤接触酸性溶液而被灼伤后，请先以大量清水清洗后，再接受治疗。

酸性溶液

碱性溶液

或者皮肤接触碱性溶液而灼伤后，也请用大量清水清洗后，再接受治疗。

但是实验室中的试剂浓度不一，刚好中和成中性，所以还是用大量清水稀释后再送医比较安全。

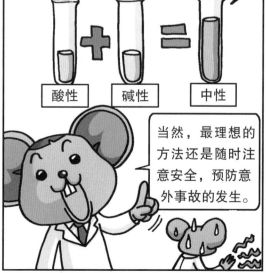

酸性 ＋ 碱性 ＝ 中性

当然，最理想的方法还是随时注意安全，预防意外事故的发生。

呵呵？我们？

你有办法吗？

？！

江士元！你说过，酸溶液与大理石发生化学反应时产生的气体叫作二氧化碳，对吧？

咚 咚

对！

而二氧化碳是可以用来灭火的气体，对吧？

没错！就是用于灭火的气体！

我知道了！因为这里的地板是大理石……

闪亮

闪亮

如何？

你有兴趣一起来拯救大家吗？

我先去拿酸性溶液，然后把它洒在地板上！

烈火熊熊

啪

嗯！

你也同意我的脚程比你快吧，是不是？

不过……

相信你不如……

无影脚

不用担心！整理试剂我可是专家呢，看我的！

喂！属于酸性的通通给我集合！

无影手

啪

啪

啪

来，如何？

我没拿错吧？赶快洒在地板上啊！

锵！

嗯……

他拿对了吗？

难以置信……

愣……

202

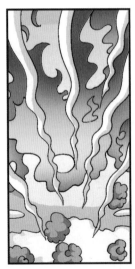

火势渐渐变小了！

成功了！

在大理石上喷洒酸性溶液使之产生二氧化碳！是谁这么聪明？

哦！

惊慌

惊慌

给我闪开……

啊！

救火英雄来了！

孩子们，闪开！老师要来救火了！

205

注[1]：易燃性是指物质是否容易着火并维持燃烧的性质。

注[2]：燃点是指物质在空气中加热时，开始并保持继续燃烧的最低温度。

是我们输了吗？

我们输黎明？

哈哈！
我们终于赢了……

哈哈，真没想到双方竟然是平手收场呢，你说是不是？

就是说嘛！

老兄，输赢既然已成定局，以后你就不要再嚣张了。

唉，朋友，我什么时候嚣张过呀？

敬请期待 科学实验王 ❷

酸性溶液与碱性溶液

溶液的定义与分类

所谓溶液，就是指由两种或两种以上不同物质所组成的均匀物质，组成的均一、稳定的混合物。溶液可根据各种标准进行分类，如有无味道、可否饮用等。而最普遍的分类法，就是根据溶液的pH，把溶液分为酸性、中性及碱性。

什么是酸性物质、酸、酸性？

生活中常见的酸性物质通常具有酸味，我们常见的柠檬、橙子、醋、可乐、养乐多中，都含有酸性成分。在化学上，可使蓝色石蕊试纸变成红色的物质，就是酸。酸具有酸性。

酸性物质通常具有酸味，可使蓝色石蕊试纸变成红色！

碱性物质通常具有苦涩味，可使红色石蕊试纸变成蓝色！

肥皂水　洗衣液　食用碱

什么是碱性物质、碱、碱性？

碱性物质通常具有苦涩味，接触到肌肤时会促使肌肤蛋白质水解，使肌肤变得滑溜。存在于我们体内的碱性物质不仅可帮助消化，也可以清除细菌。在化学上，可使红色石蕊试纸变成蓝色的物质，就是碱。碱具有碱性。

生鲜肉类和水产品因为含有某种碱性物质而发出腥味，此时淋上一点酸性的柠檬汁，就可利用中和作用有效去除腥味！

酸性与碱性的强弱程度

　　酸性与碱性的强弱程度通常用pH表示，pH的范围从0到14。纯水的pH为7，属于中性溶液，pH低于7的溶液为酸性，pH高于7的溶液为碱性。

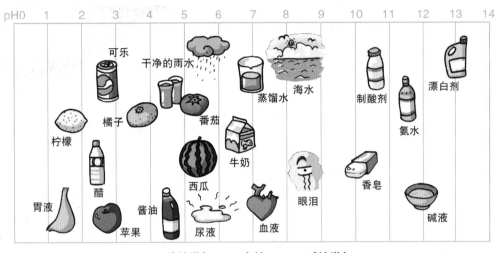

酸性增加　　中性　　碱性增加

分辨酸碱的指示剂

　　想要判断溶液为酸性或碱性，可利用几种指示剂测试。用结球甘蓝、玫瑰花、葡萄、黑豆制成的天然指示剂遇到酸性溶液时，会变成红色；遇到碱性溶液则会变成绿色或蓝色。

　　另外，根据如石蕊试纸、酚酞溶液、甲基橙、BTB指示剂等的颜色变化，也可以判断酸性与碱性。

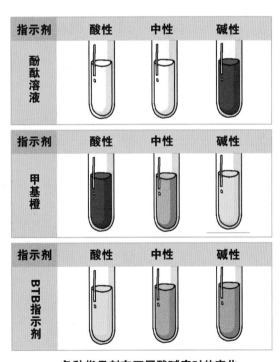

各种指示剂在不同酸碱度时的变化

笔记本

当太阳晒屁股时，开始一天的生活。

下午一点起床，闹钟在上午九点多已经响过。

先坐在办公桌前。

与其工作到一半去吃饭，不如先吃饱饭再来工作。

吃饭得花上一小时。

再次坐在办公桌前。办公桌非常凌乱。

开始进行大扫除。得花上一小时。

再次坐在办公桌前。突然想要盥洗。

哗啦 哗啦

洗脸、洗头再加上洗澡，得花上一小时。

嘀嘀～～

大约这时电话会响起。

弘老师，稿子完成了吗？

颤抖 颤抖

差不多要好了……

图书在版编目（CIP）数据

酸碱中和/韩国小熊工作室著；（韩）弘钟贤绘；徐月珠译. 一南昌：二十一世纪出版社集团，2018.11（2024.10重印）

（我的第一本科学漫画书. 科学实验王：升级版；1）

ISBN 978-7-5568-3817-2

Ⅰ.①酸… Ⅱ.①韩… ②弘… ③徐… Ⅲ.①中和—少儿读物 Ⅳ.①O646.1-49

中国版本图书馆CIP数据核字(2018)第234062号

내일은 실험왕 1：산성·염기성 대결

Text Copyright © 2006 by Gomdori co.

Illustrations Copyright © 2006 by Hong Jong-Hyun

Simplified Chinese translation Copyright 2009 by 21 Century books Publishing Co.

Simplified Chinese translation rights arranged with Mirae N Culture Group CO.,LTD.

through DAEHAN CHINA CULTURE DEVELOPMENT CO.,LTD.

版权合同登记号：14-2009-108

我的第一本科学漫画书

科学实验王升级版❶酸碱中和

[韩] 小熊工作室/著　　[韩]弘钟贤/绘　　徐月珠/译

责任编辑	邹　源
特约编辑	任　凭
排版制作	北京索彼文化传播中心
出版发行	二十一世纪出版社集团（江西省南昌市子安路75号　330025）
	www.21cccc.com（网址）　cc21@163.net（邮箱）
出 版 人	刘凯军
经　　销	全国各地书店
印　　刷	江西千叶彩印有限公司
版　　次	2018年11月第1版
印　　次	2024年10月第12次印刷
印　　数	78001～83000册
开　　本	787mm×1060mm 1/16
印　　张	13.5
书　　号	ISBN 978-7-5568-3817-2
定　　价	35.00元

赣版权登字-04-2018-399

版权所有，侵权必究

购买本社图书，如有问题请联系我们：扫描封底二维码进入官方服务号。服务电话：010-64462163（工作时间可拨打）；服务邮箱：21sjcbs@21cccc.com。